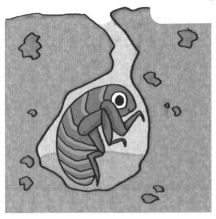

幼蟲成長專用房

轉角嗡嗡屋
ㄓㄨㄢˇ　ㄨㄥ

露天毛海宅
ㄊㄞˋ

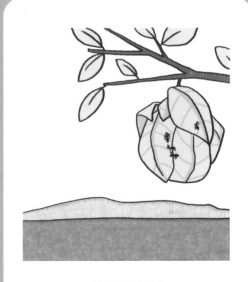

豪華景觀宅
ㄏㄠˊ　ㄍㄨㄢ

作者

艾希莉·史派爾斯（ASHLEY SPIRES）

史派爾斯是多部童書的作者與繪者，包括暢銷書
《最了不起的東西》（小天下）和改編為Netflix動
畫的《太空貓：賓奇》(Binky The Space Cat) 系
列，該系列首部曲榮獲美國艾斯納獎 (Eisner
Award) 和OLA銀樺樹獎 (Silver Birch Express
Award)。她喜歡喝茶，愛吃糖果，而且是愛貓一
族。創作以外的時間，她會做瑜伽，並且擔任照顧
流浪幼貓的中途志工。她住在加拿大溫哥華近郊，
家裡有她的丈夫、愛犬，還有數不清的貓。

個人網站：https://www.ashleyspires.com/

這隻甲蟲很天兵 ②

BURT THE BEETLE LIVES HERE!

艾希莉・史派爾斯 Ashley Spires／著

地球上每個角落都住著昆蟲。

嗨，我是瓜哥！

有些昆蟲可以在最寒冷的氣候裡生存。

我完全不需要圍巾！

有些昆蟲則能夠忍受最炙熱的高溫。

一滴汗也沒流！

我愛夏天，
可是這裡也太熱了吧！

昆蟲能住在最高的山頂，

景色真美！

也能住在最深的地底。

我從來沒有看過太陽。

有些昆蟲一輩子都住在淡水裡，

沒有什麼比住在水面上更好了。

有些昆蟲則住在其他動物身上。

我永遠不孤單！

哇，家和朋友你都有了！

大部分的昆蟲都喜歡住在不會太冷，
也不會太熱……

而且周圍有很多植物的地方。

別忘了……

我們超級熱愛門廊燈！

不論棲息地在哪裡，所有昆蟲都需要休息的地方。

呵欠

既然你提到休息，
我就來睡個午覺吧。

瓢蟲會窩進松果裡。

六月金龜常常躲在樹葉下休息。

有些昆蟲的家可以住很久很久。

大黑蟻會啃食腐朽的木材，在裡面鑿出通道和蟻穴。

或許我也該
找個地方定下來。

帝王斑蝶的幼蟲會做蟲蛹把自己包起來。

看起來好舒適，
可是我還想要
一間豪華更衣室。

一段時間後，牠就會變成蝴蝶飛出來。

咦，不跟我抱抱
說再見嗎？

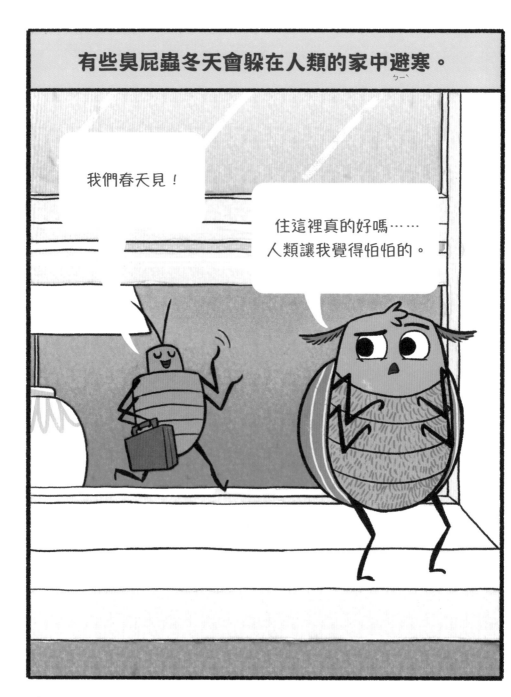

沫蟬幼蟲會住在自己吐出來的泡泡屋裡。
ㄇㄛˋ ㄔㄢˊ

這些泡泡是我用屁屁吐出來的！
要不要進來逛逛？
ㄍㄨㄤˋ

……

不，不用了。

天幕毛蟲會在高高的樹枝之間織出巨大的絲網。

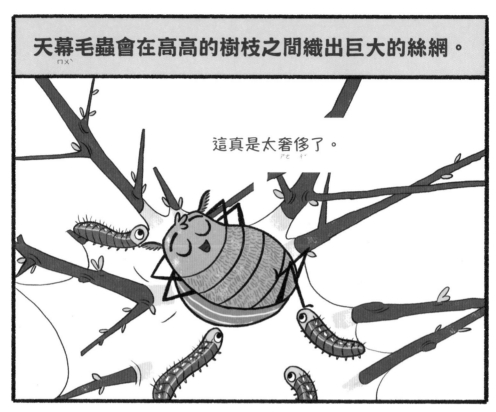

16

碎！

好吧，像我身材這麼壯的蟲蟲可能不適合住在網子上。抱歉啦，各位。

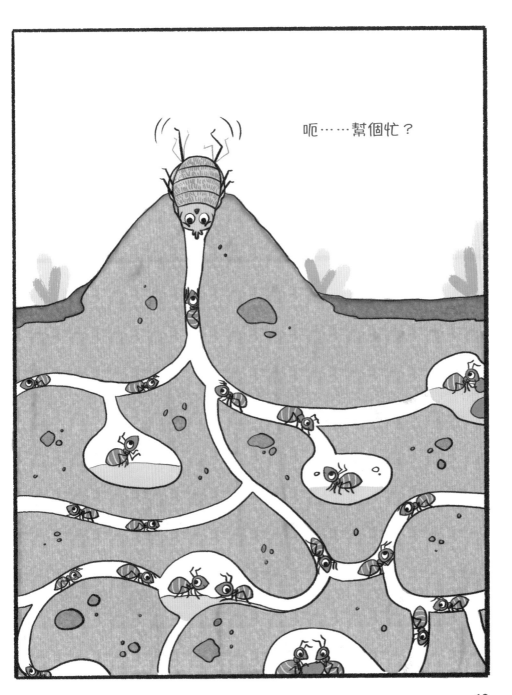

呃⋯⋯幫個忙？

19

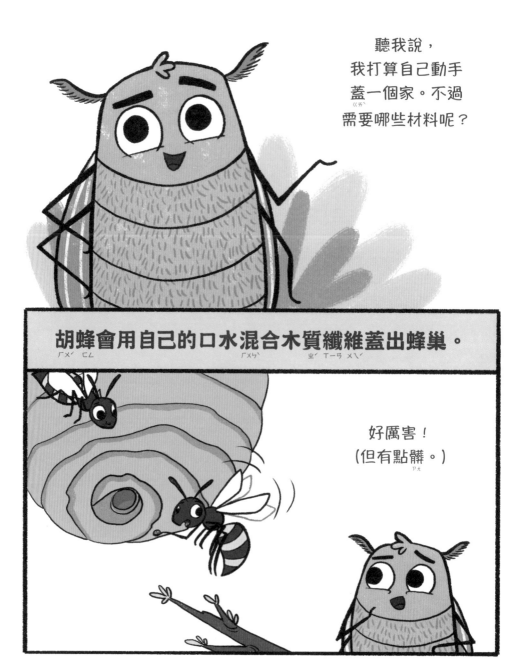

聽我說，
我打算自己動手
蓋一個家。不過
需要哪些材料呢？

胡蜂會用自己的口水混合木質纖維蓋出蜂巢。

好厲害！
（但有點髒。）

21

蜜蜂會遵循完美的數學原理蓋出蜂蠟做的蜂巢。

哇！你們上過
數學課嗎？

我們會咀嚼花蜜製成蜂蜜，再把蜂蜜變成蜂蠟。

喔，我超愛蜂蜜！我可以試試看嗎？

耶咿咿咿咿咿！！！

這傢伙吃太多糖，太興奮了。

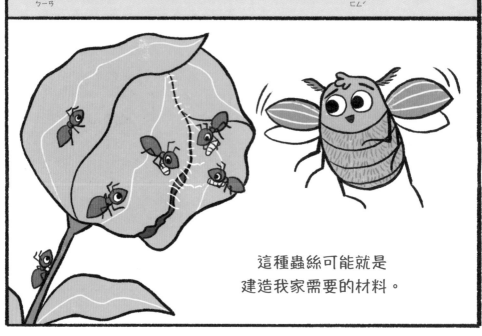

編織蟻會用幼蟲吐出來的絲把葉子縫在一起。

這種蟲絲可能就是
建造我家需要的材料。

或許我應該來
製造一些蟲絲！

六月金龜沒辦法吐出蟲絲。

等一下——
先讓我試試看。

哼嗯……

呃啊……

噗噗噗

糟糕。
ㄍㄠ

好吧，我沒辦法吐絲，
也不懂數學，
但我還是可以
蓋一個屬於我的家。

我只需要一些樹枝、
幾片葉子，或許再加上
幾顆小石頭，然後……

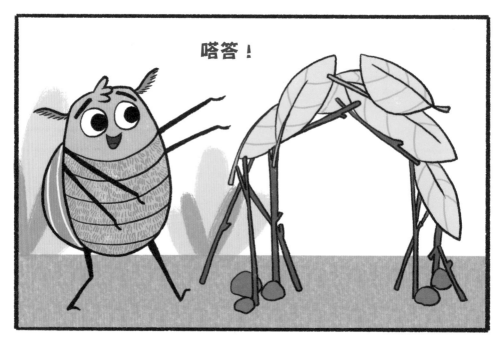

嗒答！

呼啉！

快回來！

唉，蓋房子壓力好大。
每當我覺得壓力大……

我就會變得像
魔鬼氈一樣黏。

看來我永遠都沒辦法
擁有自己的家了。

瓜哥，你可以
跟我們一起住啊！

有些象白蟻會在高聳的土墩下挖出超大的巢穴。

瓜哥，歡迎你來！
你的房間就在這條走廊
走到底左轉，然後右轉，
再左轉兩次，
遇到岔路靠右走，
最後在圓環左轉。

哇，真是太感謝了！

我可能就是註定要孤單一蟲、
漫無目的流浪，
頭上沒有屋簷遮風避雨，
還浪費我天賦異稟的抱抱超能力。

我多麼想要一個
靠近門廊燈的舒適小窩，
在牆壁掛上親朋好友的照片。

但我可能永遠無法體會到
晚上睡在安全又溫暖的蟲窩，
會是多麼快樂的事了。

不過我知道
我會沒事的⋯⋯

誰需要什麼
遮風擋雨
的地方啊？

哇喔。

昆蟲的家是牠們躲避掠食者的安全堡壘。

啊啊啊啊！

啊啊啊啊！

啊啊啊啊！

呼
呼

這些小意外
我都能應付。

昆蟲的家也可以在天氣惡劣的時候提供保護。
ㄉㄞˋㄒㄧㄝˋ   ㄏㄨˋ

這只是毛毛雨。

喔，這下糟了。

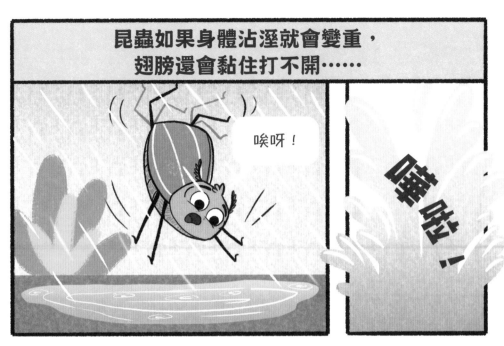

昆蟲如果身體沾溼就會變重，
翅膀還會黏住打不開……

唉呀！

嘩啦！

所以很難飛起來。

你怎麼現在才說。

沒關係，
總會有辦法的。

嗚喔喔喔！

沒問題的，
這是一個練習仰式的
好機會！

如果我可以抓住那根樹枝……

抓到了！
有魔鬼氈的黏黏腳
最棒了！

呼，終於回到
乾燥的陸地。
ㄕㄠˋ　ㄉㄨˋ

雨好像快停了。

謝謝你讓我們躲雨,
瓜哥。

這真的是一片
超棒的葉子。

嗯哼。

原來我不需要
樹窩、地下洞穴
或蜂巢。
我只需要
安心的感覺……

只要能夠一直看到
門廊燈……

而且朋友都住在附近。

我們應該要常常
像這樣聚在一起——
但要刪掉
會溺水的行程。

而且牠們總是很歡迎朋友加入。

大家一起抱抱！

來吧，各位！

超厲害的昆蟲建築師

切葉蟻居住的地下蟻穴最長可達60公尺，
足以容納800萬隻螞蟻，這讓牠們成為僅次於人類的
最大動物社群。切葉蟻甚至會栽培蕈菇來餵養幼蟲。

晚餐快好囉，孩子們！

石蠶(石蛾幼蟲)會用植物、砂石、樹枝等東西
做出一個可以隨身攜帶的殼，
在長大之前都會把家背在身上。

人類竟然以為移動式住屋
是他們發明的。

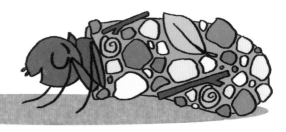

大黑蟻(又稱木匠蟻、木蟻)不會只挖一個蟻窩，
牠們會一口氣打造一整片社區！
當主屋遭到掠食者襲擊時，
牠們就會直接搬到隔壁的安全空屋去住。

該搬家了！

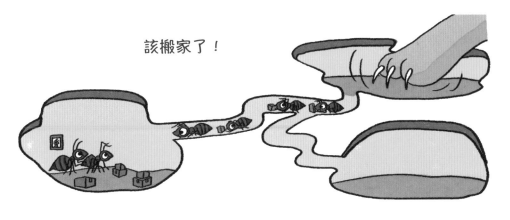

雖然全世界的3萬種胡蜂都用木質纖維來蓋蜂窩，
但是不同品種的胡蜂，蜂窩的形狀也各有不同。

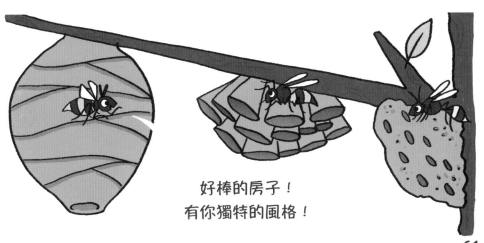

好棒的房子！
有你獨特的風格！

有些象白蟻會用泥土、植物、口水和大便
蓋出高達8公尺的土墩，而牠們的巢穴就在土墩的正下方，
可以維持50～100年。

外面很熱嗎？我們才不會知道！

土墩中央有一座連接許多小隧道的煙囪，
能讓新鮮空氣流通，並為蟻穴降溫，
是白蟻窩的最佳中央空調。

螞蟻不只是打造蟻窩的大師。
行軍蟻還可以用自己的身體搭出一座橋，
幫助彼此越過路上遇到的間隙。

嘿，小心點！

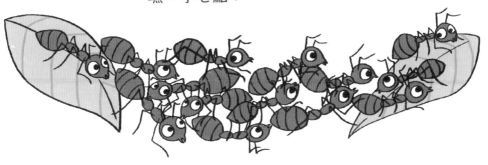

數學家從數千年前就開始研究蜜蜂，
因為蜜蜂蓋出來的六角形實在是太完美了。
人類一直到最近才發現蜜蜂早就知道的事情——
六角形讓蜜蜂可以使用最少的蜂蠟蓋出最大的空間。

你看！他們終於搞懂了！

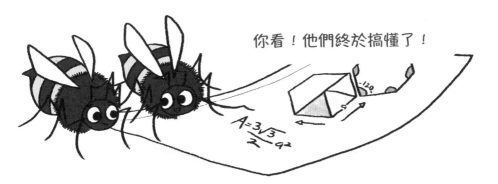

獻給我所有的好鄰居，
是他們讓整個社區成為我的家。

小野人 60

作　　者　艾希莉・史派爾斯 Ashley Spires
譯　　者　野人文化編輯部

野人文化股份有限公司
社　　長　張瑩瑩
總 編 輯　蔡麗真
主　　編　陳瑾璇
責任編輯　李怡庭
專業校對　林昌榮
行銷經理　林麗紅
行銷企畫　蔡逸萱、李映柔
封面設計　周家瑤
內頁排版　洪素貞

讀書共和國出版集團
社　　長　郭重興
發 行 人　曾大福

出　　版　野人文化股份有限公司
發　　行　遠足文化事業股份有限公司
　　　　　地址：231 新北市新店區民權路 108-2 號 9 樓
　　　　　電話：（02）2218-1417　傳真：（02）8667-1065
　　　　　電子信箱：service@bookrep.com.tw
　　　　　網址：www.bookrep.com.tw
　　　　　郵撥帳號：19504465 遠足文化事業股份有限公司
　　　　　客服專線：0800-221-029
法律顧問　華洋法律事務所　蘇文生律師
印　　製　凱林彩印股份有限公司
初版首刷　2023 年 06 月

有著作權　侵害必究
特別聲明：有關本書中的言論內容，不代表本公司／出版集團之立場與意見，
文責由作者自行承擔
歡迎團體訂購，另有優惠，請洽業務部（02）22181417 分機 1124

國家圖書館出版品預行編目 (CIP) 資料

這隻甲蟲很天兵 (2)：不可能只有我沒有房子住吧？【昆
蟲知識╳冒險成長，超人氣獲獎書系列作】/ 艾希莉・
史派爾斯 (Ashley Spires) 著；野人文化編輯部譯 . -- 初
版 . -- 新北市：野人文化股份有限公司出版：遠足文化
事業股份有限公司發行 , 2023.06-
　　冊；　　公分 . -- (小野人；60-)
譯自：Burt the Beetle Lives Here!
ISBN 978-986-384-852-3（精裝）
ISBN 978-986-384-860-8（EPUB）
ISBN 978-986-384-858-5（PDF）

1.CST: 甲蟲 2.CST: 繪本

387.785　　　　　　　　　　　　112003386

　這隻甲蟲很天兵 (2)

野人文化　野人文化　　線上讀者回函專用
官方網頁　讀者回函　　QR CODE，你的寶
　　　　　　　　　　　貴意見，將是我們
　　　　　　　　　　　進步的最大動力。

作者：艾希莉・史派爾斯
Ashley Spires

這隻甲蟲很天兵（1）

不可能只有我沒有超能力吧？

Burt the Beetle Doesn't Bite!

【昆蟲知識╳冒險成長，超人氣獲獎圖像書】

★加拿大 OLA 銀樺樹獎暢銷作家最新力作
★美國德州圖書館協會 2x2 精選童書
★加拿大巧克力百合圖書獎決選作

嗨，我是六月金龜瓜哥，
我們蟲蟲都有不可思議的超能力！只有我……
我不像螞蟻是大力士，也不像天蛾會發射超音波，
更不像臭蟲能釋放臭氣彈。
可是我會飛、會爬，還會跳踢踏舞；
我超愛鬥廊燈，超愛交朋友，而且不會咬人。
什麼，你說這些都不算是超能力？好吧……

作者：穆里埃・居樹 Muriel Zürcher
繪者：蘇瓦・巴拉克 Sua Balac

給孩子的神奇仿生科學

醫療、再生能源、環保塑膠、永續建築……
未來厲害科技都是偷學大自然的！

Bio-inspirés : le monde du vivant nous donne des idées !

（附 YouTube 英文影片 QRcode）

向大自然裡的「設計師」&「科學家」學習！
醫療╳能源╳交通╳建築╳農耕╳減塑
模仿大自然的設計圖，用仿生科技打造美好永續生活

【交通工具】跟著螞蟻就對了──GPS 如何幫你找捷徑？
【醫療科技】大熊大睡 3 個月的健康祕訣──對抗肌肉退化的新希望！
【永續建築】企鵝如何取暖？──俄羅斯「龜甲陣」社區
【再生能源】像鰻魚一樣游泳的「海流發電機」
【減塑希望】模仿昆蟲輕薄翅膀的快速分解「蝦膠」

無敵水景房

頂級工藝屋

朽木也能翻新屋

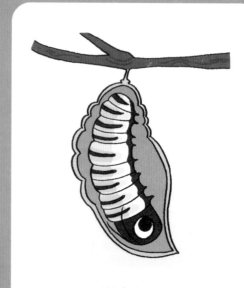

變身蛹屋